Cómo refrescarse

Elizabeth Austen

Smithsonian

Asesores

Brian Mandell
Especialista de programa
Smithsonian Science Education Center

Chrissy Johnson, M.Ed.
Maestra, escuela primaria Cedar Point
Escuelas del Condado de Prince William, Virginia

Sara Cooper, M.Ed.
Maestra de tercer grado
Distrito Escolar Fullerton

Créditos de publicación

Rachelle Cracchiolo, M.S.Ed., *Editora comercial*
Conni Medina, M.A.Ed., *Redactora jefa*
Diana Kenney, M.A.Ed., NBCT, *Realizadora de la serie*
Emily R. Smith, M.A.Ed., *Directora de contenido*
Véronique Bos, *Directora creativa*
Robin Erickson, *Directora de arte*
Michelle Jovin, M.A., *Editora asociada*
Caroline Gasca, M.S.Ed., *Editora superior*
Mindy Duits, *Diseñadora de la serie*
Lee Aucoin, *Diseñadora gráfica superior*
Walter Mladina, *Investigador de fotografía*
Smithsonian Science Education Center

Créditos de imágenes: pág.10 Rosa Irene Betancourt/Alamy; pág.17, pág.22 NASA; todas las demás imágenes cortesía de iStock y/o Shutterstock.

Library of Congress Cataloging-in-Publication Data

Names: Austen, Elizabeth (Elizabeth Charlotte), author.
Title: Cómo refrescarse / Elizabeth Austen, Smithsonian Institution.
Other titles: Cooling off. Spanish
Description: Huntington Beach, CA : Teacher Created Materials, [2020] | Audience: Grades K-1
Identifiers: LCCN 2019038407 (print) | LCCN 2019038408 (ebook) | ISBN 9780743925914 (paperback) | ISBN 9780743926065 (ebook)
Subjects: LCSH: Body temperature--Regulation--Juvenile literature. | Dwellings--Heating and ventilation--Juvenile literature. | Air conditioning--Juvenile literature. | Cold--Juvenile literature. | Heat--Juvenile literature.
Classification: LCC QP135 .A96518 2020 (print) | LCC QP135 (ebook) | DDC 591.5/7--dc23

Smithsonian

Teacher Created Materials
5301 Oceanus Drive
Huntington Beach, CA 92649-1030
www.tcmpub.com

ISBN 978-0-7439-2591-4

Printed in Malaysia
Thumbprints.25940

Contenido

¡Qué calor!

El aire está caliente. La ropa se te pega al cuerpo. ¡Es hora de refrescarte!

Un niño bebe agua fría después de un partido de fútbol.

Este perro toma un baño
en un día de calor.

Maneras de refrescarse

¿Qué podemos hacer para no pasar calor? Hay muchos trucos buenos para refrescarse.

Esta niña juega con un molinete en un día de calor.

El viento puede refrescarnos.

Con ventiladores

Los abanicos mueven el aire. El aire en movimiento te seca el sudor y te refresca. Un ventilador **eléctrico** hace lo mismo.

Este niño se refresca delante de un ventilador eléctrico.

Una mujer se abanica para refrescarse.

Ciencias

¡A sudar!

Las personas sudan cuando tienen calor. Con el aire en movimiento, el sudor **se evapora**. Eso enfría el cuerpo.

Con rociadores

Un ventilador **nebulizador** puede ser una buena idea en un día de calor. El agua que rocía te ayuda a refrescarte.

Estos niños se paran frente a un ventilador nebulizador para refrescarse.

¿Cómo se lee?
nebulizador = (ne-bu-li-za-DOR)

Tecnología e ingeniería

Ventilador nebulizador

Este es un ventilador nebulizador. El aire y una fina nube de gotitas funcionan juntos para refrescarnos.

ventilador nebulizador de mano

Con hielo

La naturaleza hace hielo. Usamos el hielo para refrescarnos, pero ¡hay que tener cuidado! El hielo debe estar frío o se derretirá.

Este árbol está cubierto de hielo.

Un niño come una paleta helada.

Con agua

Podemos ir a nadar para refrescarnos. Las piscinas son geniales para nadar. ¡También lo son los ríos, lagos y océanos!

Este niño nada en un río para refrescarse.

Este niño nada en una piscina para refrescarse.

Con traje

Es difícil refrescarse en el **espacio**. No hay viento. Los **astronautas** usan un traje especial que los ayuda a refrescarse.

No hay viento en el espacio.

Arte y matemáticas

Trajes espaciales

Los trajes espaciales son blancos y tienen tubos. El color blanco evita que se calienten mucho. Los 91 metros (300 pies) de tubos llenos de agua también los enfrían.

Bien frío

Hay muchas formas de refrescarse. El agua sirve. Otras cosas también sirven.

¡Refrescarse puede ser divertido!

El aire acondicionado se usa para refrescar las habitaciones.

Unos amigos se refrescan en una piscina.

DESAFÍO DE CTIAM

El problema

¡Hace calor! Necesitas refrescarte. Pero no tienes ninguna de las cosas que sueles usar para eso. Necesitarás crear algo que te ayude a refrescarte.

Los objetivos

- Puedes hacer tu dispositivo de enfriamiento con cualquier material que encuentres.
- Tu dispositivo de enfriamiento debe hacer que te sientas más fresco.
- Tu dispositivo de enfriamiento no puede ser solo un abanico de papel plegado.

1 Investiga y piensa ideas

¿Por qué las personas necesitan refrescarse? ¿Qué usan para refrescarse?

2 Diseña y construye

Dibuja tu plan. ¿Cómo funcionará? ¿Qué materiales usarás? ¡Construye tu modelo!

3 Prueba y mejora

Prueba tu dispositivo. Pídele a un amigo que lo pruebe. ¿Se refrescó tu amigo? ¿Puedes mejorar tu dispositivo? Vuelve a intentarlo.

4 Reflexiona y comparte

¿Tu dispositivo puede usarse muchas veces? ¿Otras personas querrán usar tu dispositivo?

Glosario

astronautas

eléctrico

espacio

nebulizador

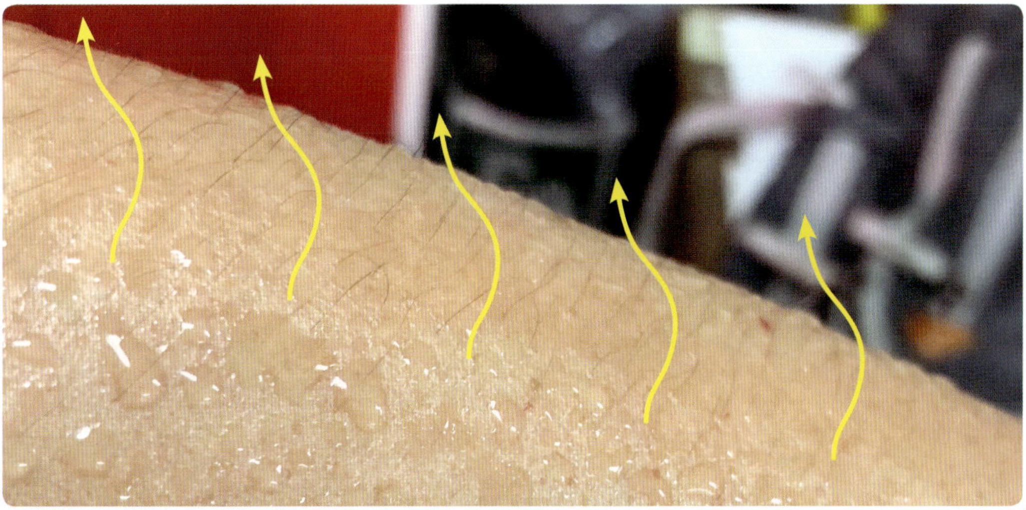

se evapora

Consejos profesionales
del Smithsonian

¿Quieres diseñar maneras de refrescar a las personas?

Estos son algunos consejos para empezar.

"Estudia historia, ciencia y tecnología. ¡Te ayudarán a aprender de dónde venimos y hacia dónde podemos ir!".
—Tim Winkle, curador

"Estudio cómo la ropa mantiene frescas a las personas. Lee sobre la historia de las telas. Te sorprenderá cuántas cosas diferentes puedes explorar".
—Madelyn Shaw, curadora